Bibliografische Information der Deutschen Nationalbibliothek:

Die Deutsche Bibliothek verzeichnet diese Publikation in der Deutschen National-
bibliografie; detaillierte bibliografische Daten sind im Internet über http://dnb.d-
nb.de/ abrufbar.

Impressum:

Copyright © 2006 GRIN Verlag, Open Publishing GmbH
Druck und Bindung: Books on Demand GmbH, Norderstedt Germany
ISBN: 9783638937788

Dieses Buch bei GRIN:

http://www.grin.com/de/e-book/75738/industriestandort-portugal-die-wirtschaftli-
che-entwicklung

Thomas Nordmann

Industriestandort Portugal. Die wirtschaftliche Entwicklung

GRIN Verlag

22.05.06

Fachbereich: Geowissenschaften

Studienprojekt III: Stadt- und Regionalentwicklung in Portugal
Sommersemester 2006
Ausarbeitung: Thomas Nordmann

<u>Thema:</u>

Industriestandort Portugal

Gliederung

Coverbild: pixabay.com

1. Einleitung

1.1 Portugal – Ein Industriestandort?

Als Standort von Industrie tritt Portugal in dem Wahrnehmungsbild vieler Deutscher so gut wie gar nicht auf: Denkt man an das Land im äußersten Südwesten Europas, hat man alles andere als industrialisierte Räume oder rauchende Fabriken vor Augen. So wird Portugal aus der Sicht der Deutschen und auch anderer Ausländer vorwiegend als Urlaubsland wahrgenommen; Portugal als Industriestandort tritt dabei kaum ins Bewusstsein.

Diese selektive Wahrnehmung von Portugal wird auch nicht großartig auf Reisen durch das Land verändert, da die östliche Landeshälfte und das südliche Drittel fast frei von Fabriken sind. Auch im stark industrialisierten Nordwesten Portugals bleiben viele verstreute Industriebetriebe aufgrund der relativ lockeren Siedlungsstruktur von ausländischen Besuchern oft unbemerkt. Nur wenige ahnen, dass sich dort Standorte für Industriebetriebe befinden, die mit ausländischem Kapital Bekleidung, Elektroartikel und andere hochwertige Güter produzieren (vgl. Freund 1995, S. 284). Ein wichtiger Gunstfaktor, der für den Industriestandort Portugal spricht, ist nach wie vor das vergleichsweise niedrige Lohn-Niveau der portugiesischen Arbeiter.

Auch wenn Portugal nicht das Image eines fortgeschrittenen Industriestaates hat, ist der sekundäre Sektor in Portugal sowohl für den Beitrag zum Bruttoinlandsprodukt als auch beim Anteil der Erwerbstätigen von nicht unwichtiger Bedeutung. So sind mehr als ein Drittel aller portugiesischen Erwerbstätigen im sekundären Sektor tätig[1], die wiederum 30 % des gesamten Bruttoinlandsproduktes des Jahres 2004 erwirtschafteten (Quelle: Fischer Weltalmanach 2006, S. 370)[2]. Vergleicht man diese Zahlen mit denen in Deutschland[3] fällt auf, dass es keine großen Unterschiede mehr in den prozentualen Anteilen der Beschäftigten des sekundären Sektors und in den prozentualen Beiträgen des sekundären Sektors zum Bruttoinlandsproduktes gibt.

---

[1] Erwerbstätigkeit bezogen auf das Jahr 2002

[2] Ausführliche Daten zu den prozentualen Anteilen der Beschäftigten und den prozentualen Beiträgen des sekundären Sektors zum BIP in Kap. 3.1

[3] Anteil der Beschäftigten im sekundären Sektor an Gesamtbeschäftigung in Deutschland 2004: 30,8 %; Beitrag des sekundären Sektors zum BIP in Deutschland 2003: 27,7 % (Quelle: Fischer Weltalmanach 2006, S. 117)

Diese Daten belegen, dass Portugal - bezogen auf die Anteile der im sekundären Sektor Beschäftigten sowie auf die Beiträge des sekundären Sektors zum BIP - sehr wohl ein mit anderen industrialisierten Ländern der EU vergleichbarer Industriestandort ist. Jedoch weist Portugals Industrie gegenüber den meisten EU-Staaten sowohl in der Entwicklung als auch in der Branchenstruktur Unterschiede auf, die sich besonders in der Dominanz traditioneller und arbeitsintensiver Industriezweige zeigt.

1.2 Fragestellung und Aufbau der Arbeit

Das Ziel dieser Arbeit soll es daher sein, zunächst die besondere Entwicklung der portugiesischen Industrie vor dem Hintergrund historischer Gegebenheiten aufzuzeigen, um daraus folgernd die heutigen Branchenstrukturen und Industriezweige zu erklären: Wieso fand in Portugal eine Industrialisierung erst verzögert und dann schleppend statt? Welches sind die Gründe für die Fortschritte der Industrie in den letzten 50 Jahren? Welche Folgen haben diese Entwicklungen auf das heutige Branchenprofil der Industriebetriebe in Portugal? Welches sind die wichtigsten Industriezweige und warum? Wie sieht die Zukunft der portugiesischen Industrie aus und wo liegen ihre Chancen?

Des Weiteren soll in dieser Arbeit der Frage nachgegangen werden, wie sich die portugiesische Industrie im Raum verteilt: Gibt es regionale Disparitäten? Warum sind die Küstengebiete stärker industrialisiert als das Landesinnere? Was sind die Folgen für die Bevölkerung?

Um dieser Fragestellung nachzugehen, wird zunächst ein ausführlicher Überblick über den historischen Verlauf des Industriestandortes Portugal gegeben, um die besonderen Bedingungen für die Entwicklung der portugiesischen Industrie aufzuzeigen. Anschließend werden die aus dieser Entwicklung resultierenden Folgen erläutert, indem im Hauptteil dieser Arbeit die wichtigsten Branchen und Zweige des sekundären Sektors vorgestellt werden sowie die räumliche Verteilung der portugiesischen Industrie erklärt wird. Zum Schluss werden im Fazit die eingangs aufgeworfenen Fragen zusammenfassend beantwortet.

2. Historische Entwicklung der Industrie in Portugal

2.1 Ausgangslage Portugals vor der Industrialisierung

Anders als in den zahlreichen Ländern Mitteleuropas und Nordamerikas, in denen die Industrialisierung Ende des 19. Jahrhunderts bereits weit fortgeschritten war und ein tief greifender gesellschaftlicher Strukturwandel einsetzte, trat Portugal als wirtschaftlich zurückgebliebenes Land in das 20. Jahrhundert ein. Für einen industriellen Aufschwung, der die Ausbildung aufeinander aufbauender Produktionszweige voraussetzt, fehlte es Portugal an grundlegenden Rohstoffen wie Kohle, Eisenerz und Erdöl. Zudem brachen Anfang des 19. Jahrhunderts schlagartig große Kolonialbereiche Portugals zusammen; unter anderem erlangte das portugiesische Brasilien im Jahre 1822 die Unabhängigkeit. Damit waren für Portugal „noch vor der Industrialisierung die ökonomisch wichtigsten Überseegebiete entfallen" (Freund 1987b, S. 28).

Als sehr nachteilig – und somit der Entwicklung der portugiesischen Industrialisierung abträglich – hat sich bereits mehr als 100 Jahre zuvor der ‚Methuen-Vertrag' mit England erwiesen. Dieses so genannte ‚Wein-Tuch-Abkommen' aus dem Jahre 1703 sah vor, dass England ohne Hindernisse Textilien nach Portugal (und dessen Kolonien) exportieren durfte, im Gegenzug konnte Portugal Wein nach England ausführen. Zwar sorgte dies für eine erhöhte Portweinproduktion im Norden Portugals, jedoch war der Vertrag für Portugal insofern verhängnisvoll, als seine Textilwirtschaft nahezu zerstört wurde und somit die industrielle Revolution in Portugal viel später und in geringerem Ausmaß stattfand. Zudem wurde Portugal in die wirtschaftliche Abhängigkeit von England gedrängt. Das hatte zur Folge, dass Portugal der erste jener zahlreichen Absatzmärkte der expandierenden englischen Industrie wurde. Das wiederum trug dazu bei, dass Portugal zunächst zu keiner eigenen industriellen Entwicklung kam (vgl. Enquete-Kommission 2002, S. 192 und Von der Mühll 1977, S. 41ff).

Weitere Faktoren, die für den industriellen Rückstand Portugals entscheidend waren, waren die relativ geringe Bevölkerungsdichte, schlechte Verkehrsnetze, politisch unruhige Zeiten, Mangel an technischer Ausbildung und die Verachtung praktischer Tätigkeiten durch Regierung und Regierte (vgl. Freund 1987a, S. 6). Vor allem die geringe Bevölkerungsdichte und die unzureichend ausgebaute Verkehrsinfrastruktur wirkten sich hemmend auf den Industrialisierungsprozess aus: Dementsprechend war der portugiesische Binnenmarkt „nach Zahl, Kaufkraft und Erreichbarkeit der Verbraucher sehr klein, so dass keine Vorteile aus der Massenfertigung gezogen werden konnten" (Freund 1995, S. 285). Die mangelhaft ausgebauten Verkehrswege im portugiesischen Hinterland eigneten sich nur bedingt zum Güteraustausch. Zudem war der Anteil der Landarbeiter, die als Konsumenten von Industrieerzeugnissen kaum in Frage kamen, zu der Zeit noch sehr hoch.[4] Auch die Ausfuhr von Waren in das koloniale Absatzgebiet der wenigen verbliebenen Überseeprovinzen Angola, Moçambique, Guinea-Bissau und Kapverden brachte nicht die nötigten Impulse für einen industriellen Aufschwung. Zwar konnten dort traditionelle Konsumgüter abgesetzt werden, doch ergaben sich dadurch in Portugal keine Anreize zur strukturellen Modernisierung (vgl. Freund 1995, S. 285).

Ein weiterer Ausdruck der wirtschaftlichen Rückständigkeit Portugals war die bis in die 70er Jahre des 20. Jahrhunderts andauernde (Übersee-) Emigration der portugiesischen Bevölkerung. „Ursprünglich staatlich erwünscht, wurde die Emigration spätestens im 19. Jahrhundert zu einer Flucht aus unzureichenden sozi-ökonomischen Verhältnissen" (Breuer 1995, S. 266). Diese Auswanderungen wirkten sich ebenfalls nachteilig auf den Industrialisierungsprozess in Portugal aus. Insbesondere portugiesische Männer verließen das Land, wodurch Portugal viele Arbeitskräfte verlor. Dies ist auch ein Grund dafür, dass das Qualifikationsniveau der portugiesischen Arbeiter sehr niedrig blieb.

Diese ungünstigen Bedingungen für den Industrialisierungsprozess Portugals wurden zusätzlich durch die portugiesische Handels- und Agrarbourgeoisie verstärkt. Sie lebte „nicht in der Tradition eines ‚produktiven Kapitalismus' und stand industriellen Initiativen eher zögerlich bis ablehnend gegenüber" (Freund 1995, S. 285).

Es waren also vor allem technisch-ökonomische, soziokulturelle und politische Faktoren, die zu einem deutlichen Entwicklungsrückstand der Industrie Portugals geführt haben. So verstand sich Portugal bis in die 60er Jahre des 20. Jahrhunderts hinein als „ein dem Wesen nach agrarisches Land" (Breuer 1995, S. 266).

---

[4] sektorale Gliederung der Erwerbstätigen im Jahre 1918: primärer Sektor: 61,7 %, sekundärer Sektor: 18,5 %, tertiärer Sektor: 18,8 % (Quelle: Freund 1987, S. 6)

2.2 Retardierende Industrialisierung (bis 1950)

Ende des 19. Jahrhunderts kam es dennoch zu einem schleppend einsetzenden Prozess der Industrialisierung, die in Portugal vor allem durch einen Produktionszweig bestimmt wurde: dem Textilgewerbe mit der Hauptaktivität in der Baumwollverarbeitung im Raum Porto. Das Textilgewerbe entwickelte sich in Gebieten mit relativ hoher Bevölkerungsdichte sowie bäuerlicher Ausgangsstruktur und hausgewerblich-handwerklicher Tradition. Jedoch gingen von der Textilindustrie nur wenige Impulse zum Aufbau nachgelagerter Branchen aus, so dass es nicht zu einem ‚Take-off' [5] der portugiesischen Industrie kam. Allerdings wurde langfristig die generelle Bereitschaft zur gewerblichen Arbeit gefördert (vgl. Freund 1987b, S. 28). Auch der Erste Weltkrieg konnte keine entscheidenden Impulse für die Weiterentwicklung der portugiesischen Industrie ausüben. Zwar wurde die Wirtschaft des nicht direkt betroffenen Portugals durch mannigfaltige Exportmöglichkeiten an die kriegführenden Parteien belebt, jedoch wurden die kriegsbedingten Gewinne nicht in „den Ausbau vorhandener und Neugründungen von Produktionsbetrieben sowie eine wirtschaftsnahe Infrastruktur" verwandelt (Freund 1987b, S. 39). Die Nachkriegskonjunktur verschlechterte sich und es kam zu sozialer Unruhe zwischen den Land- und Industriearbeitern. Daraus ergab sich in Portugal eine ‚Regierungskrise und ein haushaltspolitisches Chaos' welches sich wiederum negativ auf die weitere Entwicklung der portugiesischen Industrie auswirkte (vgl. Freund 1987b, S. 39).

So verfolgte das 1928 an die Macht gekommene Regime unter dem diktatorischen Ministerpräsidenten Salazar zunächst eine protektionistische Industriepolitik, indem nach und nach ein wirtschaftspolitischer Rahmen geschaffen wurde, der einer positiven Entwicklung der Industrie Portugals entgegenwirkte: Ausländische Einflüsse auf die Wirtschaft wurden beispielsweise durch schützende Zollbarrieren verhindert. Um Störungen der Wirtschaftsabläufe zu verhindern, wurden Streiks verboten und Gewerkschaften aufgelöst. Genehmigungsverfahren für jegliche betriebliche Veränderung (Gründung, Verlagerung, Umstellung) wurden erschwert und Markteintrittsbarrieren für Unternehmensgründungen angehoben (vgl. Freund 1987b,

---

[5] mit ‚Take-off' ist der Zeitraum im wirtschaftlichen Wachstum eines Landes gemeint, in dem die Entwicklung eines Landes ihren Wendepunkt vom Agrar- zum Industrieland erfährt (vgl. Leser 2001, S. 863)

S. 39). Auch die von der Regierung implizierte geringe Preiskonkurrenz[6] gehörte zu den Faktoren, die sich negativ auf den Industriestandort Portugal auswirkten (vgl. Bornhorst 1997, S. 21f).

Des Weiteren wurden die Löhne zwangsweise niedrig gehalten, wodurch sich die kaufkräftige Nachfrage nach Industrieprodukten nur langsam ausweitete (vgl. Freund 1987b, S. 39). Allerdings hatte die Niedriglohnpolitik (, die von der Regierung aufgrund der Verknappung qualifizierter Arbeitskräfte durch Emigration durchgesetzt werden konnte,) auch positive Einflüsse auf den sekundären Sektor: Zwar zunächst nur in der Form, dass der ohnehin schon geschwächte Agrarsektor durch Binnenmigration weiter an Bedeutung verlor, da die Industrie ihm billige Arbeitskräfte entlockte und dass aufgrund des niedrigen Lohnniveaus sich auch sehr arbeitsintensive Industriezweige lohnten. (Bornhorst 1997, S. 22). Letztlich wirkte sich die Niedriglohnpolitik jedoch erst viel später positiv auf die Entwicklung der portugiesischen Industrie aus: Seit der Liberalisierung des Außenhandels und der Öffnung Portugals für ausländische Direktinvestitionen in den 60er Jahren, bedeutete das niedrige Lohnniveau einen entscheidenden Standortfaktor für die Ansiedelung neuer Produktionsstätten.[7]

So erhielt die portugiesische Industriestruktur bis Anfang der 50er Jahre „eine dualistische Prägung: einerseits traditionelle Leichtindustrien mit überwiegend kleinen, technisch und organisatorisch rückständigen (Familien-) Unternehmen, andererseits große, oligopolistische Grundstoffbetriebe" (Freund 1995, S. 285). Allerdings wurde es versäumt diese Betriebe als Ausgangsbasis von Fabriken für Investitionsgüter und moderne langlebige Gebrauchsgüter weiterzuentwickeln - auch eine Folge der Industriepolitik des Ministerpräsidenten Salazar, der bis in die Nachkriegszeit hinein der Industrialisierung keine Priorität zubilligte, da es nach seiner Vorstellung dem Land ohnehin an natürlichen Voraussetzungen fehlte (vgl. Freund 1987b, S. 39). All diese Regelungen hatten zur Folge, dass jede Art von Neuerung erschwert und damit einhergehend die alten Produktionsverhältnisse bis Ende der 40er Jahre ‚konserviert' wurden (vgl. Freund 1995, S. 285).

---

[6] Die Unternehmenspolitik wurde in kooperativen „grémios" abgesprochen

[7] vgl. Kap. 2.3 Sozioökonomischer Strukturwandel (von 1950 - 1974)

2.3 Sozioökonomischer Strukturwandel (von 1950 - 1974)

Seit 1950 wurde die Industrieförderung jedoch intensiviert. Impulse zur Industrieentwicklung erhielt Portugal kriegsbedingt durch „Anreize zur Eigenproduktion ausbleibender Industriegüter und durch Handelsüberschüsse" (Freund 1987b, S. 39). Zur sozioökonomischen Modernisierung Portugals hätte dieser Prozess mit Mitteln aus dem Marshall-Plan fortgeführt und beschleunigt werden können. Doch auch diese Möglichkeit wurde verpasst, da Salazar aus „tiefsitzender Aversion gegen jegliche ausländische Kredite" auf das Angebot verzichtete (Freund 1987b, S. 39).

Diese isolierende Wirtschaftspolitik zeigte sich auch in der Ablehnung gegenüber Investitionen ausländischer Unternehmen: im gesamten Jahrzehnt der 50er Jahre blieben die ausländischen Investitionen unter 3 Mio US $ (Quelle: Freund 1995, S. 286).

Gleichwohl wurde seit Anfang der 50er Jahre die Förderung der Industrie vorangetrieben, was sich in den so genannten Sechsjahresplänen der Wirtschaftsplanung niederschlug. Man erhoffte sich nun von der Industrieförderung, die als Motor der Entwicklung galt, positive Effekte auf die gesamte Wirtschaft (vgl. Bornhorst, S. 22). Dennoch lagen bei den ersten beiden Sechsjahresplänen (1953-1964) „die Investitionsschwerpunkte auf wirtschaftsnahe Infrastruktur (Energie, Verkehr und Nachrichtenwesen), nicht jedoch der Industrie" (Freund 1987b, S. 39). Lediglich die bereits erwähnten Grundstoffindustrien, die jedoch keinem Wettbewerb ausgesetzt waren (Hüttenwerke Maia/Port und Seixal/Lissabon, Erdölraffinerien Leixões/Porto und Cabo Ruivo/Lissabon, Zement- und Zellulosefabriken) wurden gefördert.

Nur im Übergangsplan von 1965 bis 1967 spielte die Förderung der Industrie eine herausragende Rolle; 39,1% der öffentlichen Investitionsausgaben flossen in den sekundären Sektor (Quellen: Freund 1987b, S. 39). Und obwohl der Anteil der Industriemittel, der auf den Industriesektor abfiel, im dritten Sechsjahresplan auf 25,2% sank, konnte die Industrialisierung in dieser Zeit große Fortschritte verzeichnen.

Zu dieser Entwicklung sollte auch die importsubstituierende Industrialisierung[8] beitragen, mit der Portugal wirtschaftliche Unabhängigkeit erreichen wollte. „Der

---

[8] Ziel der importsubstituierende Industrialisierung ist es, Importe durch eigene Industrieprodukte zu ersetzen (vgl. Leser 2001, S. 341)

Handel mit den Kolonien wurde intensiviert, um sowohl Autarkie zu erreichen als auch die nach Unabhängigkeit strebenden Kolonien stärker an das Mutterland zu binden" (Bornhorst 1997, S. 22). Eine Freihandels- und Währungszone wurde geschaffen, wobei die Kolonien gleichzeitig Rohstoffquellen und durch Einfuhrzölle geschützte Absatzmärkte, besonders für Textilien, Bekleidung, Schuhe und Wein waren. „So konnten lange Zeit Produkte hergestellt und verkauft werden, die international nicht wettbewerbsfähig gewesen wären" (Bornhorst 1997, S. 22). Zu Beginn der 60er Jahre führte unter anderem die geringe Binnennachfrage und geringe Kaufkraft zum Scheitern der importsubstituierenden Industrialisierung. Maschinen beispielsweise wurden aufgrund ihrer kapitalintensiven Produktion und dem fehlenden Know-how nicht im Inland hergestellt sondern aus dem Ausland importiert. Im Gegenzug suchten produktionsstarke Industriezweige wie die Textil- und Bekleidungsindustrie nach neuen Absatzgebieten im Ausland (vgl. Bornhorst 1997, S. 22).

Einen entscheidenden Impuls für die Entwicklung der Industrie erhielt Portugal mit dem Beitritt zur Europäischen Freihandelszone (EFTA) im Jahre 1960. Die Regierung nahm damit von ihrer langjährigen Isolationspolitik Abstand. Gründe dafür gab es mehrere: zum einen mussten die 1961 beginnenden Kolonialkriege finanziert werden, zum anderen erhoffte man sich durch die Öffnung Portugals für ausländische Direktinvestitionen den wachsenden Importen mehr Inlandsproduktionen und Exporte entgegensetzen zu können. Zudem erwartete man durch die Liberalisierung des Außenhandels einen Transfer fortgeschrittener Technologien (vgl. Freund 1987b, S. 40 und Freund 1995, S. 286).

Tatsächlich erwies sich diese Öffnung als vorteilhaft, denn sie „brachte erstmals ausländisches Kapital in großem Umfang in die portugiesische Wirtschaft, die sich folglich stärker an der internationalen Nachfrage als an den Bedürfnissen des Binnenmarktes zu orientieren begann" (Bornhorst 1997, S. 23).

Der Kurswechsel der portugiesischen Industriepolitik wurde in den 60er Jahren mit weiteren Umstrukturierungen vorangetrieben. So sollten nicht nur Anreize für ausländische Investitionen geschaffen werden, sondern auch zukunftsträchtige Industriezweige gefördert werden. Dabei achtete man jedoch im Gegensatz zu früheren Autarkiebestrebungen auf die Konkurrenzfähigkeit auf dem Weltmarkt. So wurde der Focus der Industrieförderung vornehmlich auf Industriezweige wie

Petrochemie, Metallproduktion, Transportmittel und die Herstellung von Papier gelegt. Es entstanden Industrieparks[9] in Sines und Porto und es wurde das Schiffswerk Setanave errichtet. (vgl. Bornhorst 1997, S. 23).

Tatsächlich trugen diese Bemühungen Früchte. Dies zeigte sich in zwei Punkten: Zum einen kam es bis 1974 zu ungewohnt vielen und langfristig bedeutenden ausländischen Direktinvestitionen. Als wichtigster Standortfaktor erwiesen sich dabei die extrem niedrigen Löhne, wodurch die Investoren die Arbeitskosten aufwendiger Produktionsabläufe sehr niedrig halten konnten. Dies galt besonders für Großserienanfertigungen, beispielsweise für Geräte der Unterhaltungselektronik (Grundig), Optik (Agfa, Leitz), Bekleidung und Schuhe. Einen weiteren Nutzen erhofften sich ausländische Investoren aus der Belieferung des portugiesischen Marktes mit modernen Verbrauchs- und langlebigen Gebrauchsgütern zu ziehen (vgl. Freund 1995, S. 286).

Zum anderen kam es - auch in Folge der anziehenden Direktinvestitionen - zwischen 1968 und 1973 zu einem starken wirtschaftlichen Wachstum. Das Bruttoinlandsprodukt wuchs in diesen 5 Jahren durchschnittlich jährlich um 6,8% (Quelle Bornhorst 1997, S. 24). Dabei war dem Export eine besondere Rolle zuzuschreiben, sei es durch Mengenwachstum in den traditionellen Leichtindustrien, sei es durch neue Erzeugnisse fortgeschrittener Technologie (Fernsehgeräte, Kameras). „Das Ergebnis war eine Diversifikation im Gebiet gestreuter Industrialisierung im Nordwesten sowie eine Konzentration der Basisindustrien im Raum Lissabon (Schwerchemie, Raffinerie, Stahlerzeugung, Schiffbau, Automontage)" (Freund 1987b, S. 40).

Diese Entwicklungen wirkten sich insofern positiv auf die portugiesische Industrie aus, als dass keine inländischen Unternehmen verdrängt dafür aber neue Arbeitsplätze geschaffen und Devisen erwirtschaftet wurden. So stiegen die elektronische und elektrotechnische Industrie sowie der Automobilbau neben dem Textilgewerbe zu wichtigen Branchen auf.

Allerdings blieben diese Impulse größtenteils auf die dynamischen Küstenstandorte (v.a. auf die Agglomerationsräume Porto und Lissabon) beschränkt, so dass das Hinterland mit Abwanderung von Arbeitskräften in eben jene Regionen zu kämpfen hatte. Es ergaben sich „auffallende räumliche Disparitäten zwischen den

---

[9] Auf die Industrieparks wir im Kap. 3.3 Näher eingegangen

Agglomerationsräumen Lissabon und Porto an der Küste einerseits und den entleerten Binnenräumen andererseits" (Weber 1977, S. 124f).

2.4 Erlahmende Industrialisierung nach der Nelkenrevolution 1974 und Aufschwung nach dem EU-Beitritt 1986

Die - mit Ausnahme der Verstärkung der regionalen Disparitäten - positiven Entwicklungen der portugiesischen Industrie konnten ab 1974 nicht fortgesetzt werden; das schnelle Wirtschaftswachstum und die ausländischen Investitionen gingen wieder zurück. Neben der weltweiten Wirtschaftskrise (Ölpreisschock 1973), wirkte in Portugal verstärkend, dass es nach der Nelkenrevolution 1974 zu „erheblichen (Real-) Lohnerhöhungen, Streiks, Betriebsbesetzungen und Verstaatlichungen inländischer Großunternehmen kam" (Freund 1995, S. 286). Auch die Ungewissheit über die Zukunft des Landes und seiner Währung schreckten Investoren ab. Portugal wurde - auch aufgrund der ablehnenden Haltung gegenüber multinationalen Unternehmen - zu einem unattraktiven Standort, wodurch sich die Industrialisierung verlangsamte.

Um diesen Entwicklungen als auch den entstandenen räumlichen Disparitäten entgegenzuwirken, verfolgte man nun eine Wirtschaftspolitik, die unter anderem den regionalen Ausgleich bewirken sollte. Dabei bestand die Industrialisierungsstrategie darin, die „peripheren Räume primär durch Förderung und Lenkung des eigenen innovativen Potentials zu entwickeln" (Weber 1977, S. 125). So wurden ab 1974 in Braga, Guimarâes, Covilhõ, Évora, Beja und Faro Industrieparks[10] gegründet, die in diesen Räumen Entwicklungsimpulse vermitteln sollten. 30 Jahre nach den Gründungen der ersten Industrieparks in Portugal, wird dieser Industrialisierungsstrategie jedoch nur ein partieller Erfolg beschieden (vgl. Breuer 1995, S. 266).

Erst der Beitritt Portugals in die EU (damals EG) gab neue Impulse für eine Weiterentwicklung der portugiesischen Wirtschaft. Die damit ausgelöste Welle von Investitionen - die von Ausländern investierten Mittel sind zwischen 1986 und 1991 um das 30fache gestiegen - kam jedoch größtenteils dem tertiären Sektor zugute[11].

---

[10] Industrieparks sind zusammenhängende, in sich geschlossene industriell-gewerbliche Standortgemeinschaften mit einer umfangreichen infrastrukturellen Ausstattung (vgl. Leser 2001, S. 345f)

Allerdings sind auch die Zuflüsse in die Industrie absolut gewachsen, was der industriellen Produktion, in der Portugal noch deutliche Strukturdefizite aufwies, zu einem Entwicklungsschub verhalf. Abbildung 1 zeigt die Verteilung der ausländischen Investitionen auf einzelne Industriezweige von 1986 bis 1992:

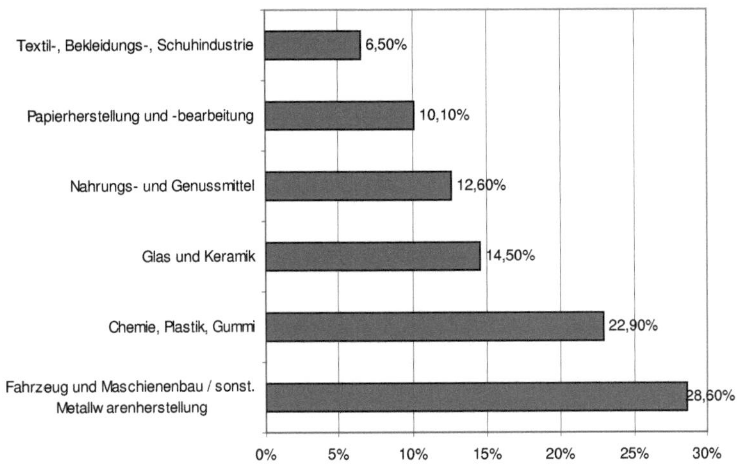

Abb 1: Anteile der ausländischen Investitionen in einzelnen Branchen (Quelle: Freund 1995, S. 288)

Auffällig ist, dass der Fahrzeug- und Maschinenbau sowie die Chemie-, Plastik- und Gummiindustrie die anteilig meisten Investitionen durch ausländische Unternehmen auf sich vereinen konnten, während die Textilindustrie – der zu dieser Zeit stärkste Industriezweig[12] – keine besonderen Expansionsimpulse durch ausländische Anleger erhalten hat.

Das wichtigste Motiv der Investoren auf der Suche nach einem geeigneten Produktionsstandort sind dabei nach wie vor die niedrigen Arbeitskosten, die Portugal zu einem Standortvorteil verhalfen (vgl. Freund 1995, S. 288). Somit konnten viele portugiesische Betriebe aufgrund des günstigen Lohnniveaugefälles eine Zeitlang auf dem durch den EU-Beitritt vergrößerten Markt und der damit verbundenen zunehmenden Konkurrenz bestehen. Allerdings waren mittel- und langfristige Umstrukturierungen und Modernisierungen unvermeidlich. Diese wurden

---

[11] 1992 entfielen nur 22,5% der ausl. Direktinvestitionen auf die Industrie (Quelle: Breuer 1995, S. 272)
[12] vgl. Kapitel 3.3 Branchenstruktur

13

dann auch von staatlicher Seite ab Ende der 80er Jahre gefördert, wobei die Ziele sich neben der Stärkung der Konkurrenzfähigkeit von Unternehmen durch Umstrukturierungen und Modernisierungen auch auf die Bildung neuer Industrien richteten. Unter diesen Maßnahmen fielen auch der Ausbau von Infrastruktur, die Qualifizierung von technischem und leitendem Personal, Investitionsanreize, Finanzierungshilfen für klein- und mittelständische Unternehmen und die Verbesserung von Produktqualität und Design (vgl. Bornhorst 1997, S. 47).

Dennoch zwang die offene Konfrontation mit dem offenen EU-Markt und der internationalen Konkurrenz viele Unternehmen zur Rationalisierung und damit auch zum Stellenabbau. (vgl. Breuer 1995, S. 267).

3. Die portugiesische Industrie der letzten 20 Jahre

All diese aufgezeigten Faktoren vor historischen und politischen Hintergründen kommen in den Entwicklungen des BIPs und der im sekundären Sektor Beschäftigten, der exportierten Güter und der Branchenstruktur sowie der regionalen Verteilung der Industrie der letzten 20 Jahre zum Ausdruck: Im folgenden sollen diese Merkmale des Industriestandortes Portugal mit aktuellen und teilweise etwas älteren Daten dargestellt werden. Die Quellenlage zur Branchestruktur und der regionalen Verteilung erwies sich dabei nicht gerade als aktuell. Dennoch liefert das größtenteils ca. 10 Jahre Material gehaltvolle Informationen, da sich die Branchenstruktur bzw. die regionale Verteilung der Industrie eines Landes – gerade vor dem Hintergrund, dass es in Portugal kaum einschneidende politische Veränderung gegeben hat – nicht innerhalb von 10 Jahren so stark verändert, als dass sich die heutige Lage der portugiesischen Industrie großartig von der von 1995 unterscheidet. Es wird also angenommen, dass sich die hier dargestellten Trends, die die Entwicklungen der portugiesischen Industrie seit dem EU-Beitritt bis 1995 zeigen, bis heute in ähnlicher Weise fortgesetzt haben.

3.1 Entwicklung des BIP und der im sekundären Sektor Beschäftigten

Aus volkswirtschaftlicher Sicht ist Portugal seit den 50er Jahren nicht mehr agrarisch geprägt. Dennoch weist es bis zum EU-Beitritt 1986 deutliche Unterschiede zu anderen Industrieländern auf. So war im Jahr 1985 der „Anteil des primären Sektors an der Zahl der Erwerbstätigen mit 23,9 % im Vergleich mit der damaligen EU-12 (8,6 %) noch außerordentlich hoch" (Breuer 1995, S. 267). Bereits wenige Jahre nach dem Beitritt ist diese Quote rasch gesunken, liegt jedoch heute mit 12,3 %[13] immer noch über dem EU-Durchschnitt.

Besonders aufschlussreich ist die Entwicklung der im sekundären Sektor Beschäftigten (vgl. Abb. 2): Zwischen 1980 und 1990 nahm der Anteil der Erwerbstätigen, die im sekundären Sektor tätig sind, von 36,6 % auf 43,5 % zu. Hauptgrund ist wiederum der EU-Beitritt und die sich damit veränderten Gegebenheiten[14]. Allerdings ging dieser Anteil Anfang der 90er Jahre wieder stark zurück. Das lag daran, dass die zunächst auch noch nach dem EU-Beitritt gepflegte Wirtschaftspolitik den Beschäftigten in der Industrie eine weitgehende Arbeitsplatzgarantie bot. Auf diese Weise entstanden in einigen Branchen wenig rentable und kaum konkurrenzfähige Produktionsstrukturen mit hohem Arbeitskräftebesatz und geringer Produktivität, so dass diese Unternehmen vom offenen EU-Markt zu Rationalisierungen und Personalentlassungen gezwungen wurden.

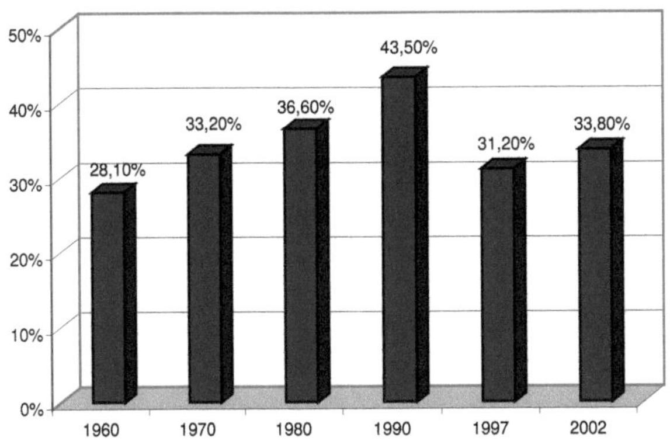

Abb. 2: Anteil der im sekundären Sektor Beschäftigten an der Zahl der Gesamtbeschäftigten von 1960 bis 2002 (Quellen: Lang und Wellmer 2001 (1960 - 1990), Fischer Weltalmanach 2000 (1997), Fischer Weltalmanach 2006 (2002))

---

[13] Daten für 2002 (Quelle: Fischer Weltalmanach 2006)

[14] ausführliche Darstellung der Gründe, siehe Kap. 2.4 Erlahmende Industrialisierung nach der Nelkenrevolution 1974 und Aufschwung nach dem EU-Beitritt 1986

Heute hat sich der sekundäre Sektor von diesen negativen Entwicklungen ein wenig erholt, wobei der Anteil der in der Industrie Beschäftigten von 31,2 % im Jahre 1997 auf 33,8 % im Jahre 2002 wieder leicht angestiegen ist.

Bei Betrachtung der Beiträge des sekundären zum Bruttoinlandsprodukt wird jedoch ersichtlich, dass seit Ende der 70er Jahre die relative Bedeutung der Industrie zugunsten des tertiären Sektors abgenommen hat (vgl. Abb. 3):

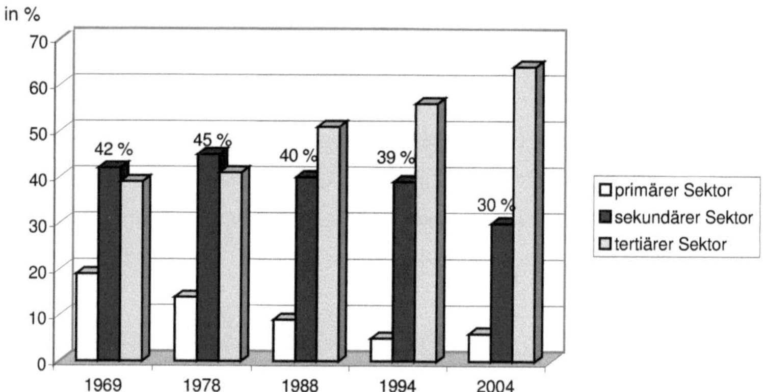

Abb. 3: Anteile der einzelnen Produktionssektoren am Bruttoinlandsprodukt von 1969-2004 (Quellen: Fischer Weltalmanach 1970, 1980, 1990, 2000, 2006)

1978 steuerte der sekundäre Sektor noch 45 % zum BIP bei, während dieser Anteil über 40 % im Jahre 1988 und 39% im Jahre 1994 auf 30 % im Jahre 2004 stark zurückfiel. Das ist gerade vor dem Hintergrund erstaunlich, da die Industrie durch den EU-Beitritt offensichtlich keine wichtigen Impulse erfahren hat.

Tatsächlich konnte die Industrie nur ein absolutes Wachstum verzeichnen. Da der Dienstleistungssektor im Zuge der auch in Portugal stattfindenden Tertiärisierung, noch stärker wuchs, nahmen die relativen Beiträge des sekundären Sektors zum BIP ab. Dieser Wert unterscheidet sich im Übrigen nicht wesentlich von denen des EU-Durchschnitts.

Bedeutender Unterschied zwischen Portugal und Europa ist weiterhin die Arbeitsproduktivität, die unter dem des EU-Mittelwertes liegt. Allerdings wächst die relative Arbeitsproduktivität (reales Bruttoinlandsprodukt pro Beschäftigten) durchschnittlich schneller als im EU-Durchschnitt, wodurch sich Portugal auch bei diesem Wert in einem Aufholungsprozess befindet (vgl. Bornhorst 1997, S. 28).

16

3.2 Exporte und Importe

Wenn man die außenwirtschaftlichen Transaktionen in Bezug zum gesamtem BIP setzt, wird ersichtlich, dass die Außenwirtschaft in Portugal eine nicht unwichtige Rolle spielt: 2003 machten die Exporte knapp 20 % des BIP aus (Quelle: Fischer Weltalmanach 2006).

Diese starke Exportorientierung verbesserte zu Beginn der 90er Jahre die Handelsbilanz. „Allerdings stieg auch der private Konsum angeregt durch Reallohnsteigerungen und Rentenanhebungen, was wiederum die anfänglichen Erfolge in der Bekämpfung des Handelsdefizits schmälerte" (Bornhorst 1997, S. 29). Auch heute noch werden wertmäßig mehr Güter importiert als exportiert: Der Wert aller importierten Waren betrug im Jahre 2003 30 % des BIP (Quelle: Fischer Weltalmanach 2006).

Nach dem EU-Beitritt passten die Portugiesen in einer Art Konsumeuphorie nämlich ihre Präferenzen schnell dem europäischen Standard an. Vornehmlich langlebige Luxus- und Gebrauchsgüter wie Autos, Elektrogeräte und Wohnungseinrichtungen, die großteils importiert werden mussten, wurden nachgefragt (vgl. Bornhorst 1997, S. 29). Es hat bei den Importen also eine Verschiebung der Rohstoffanteile zu Industrieprodukten stattgefunden (vgl. Abb. 4).

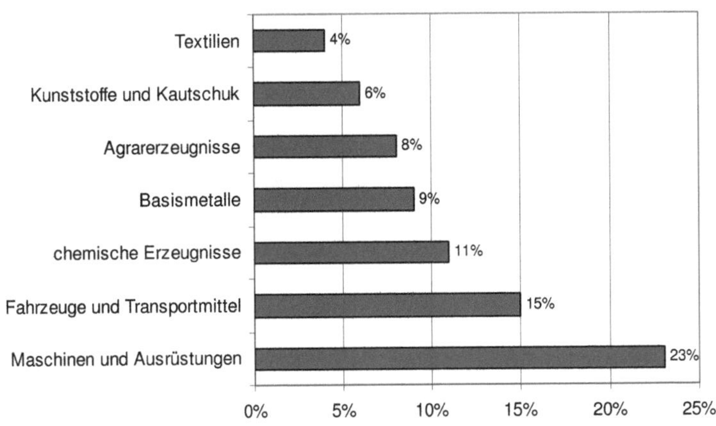

Abb. 4: Wertmäßige Anteile einzelner Warengruppen an den portugiesischen Importen 2004
(Quelle: Fischer Weltalmanch 2006)

Im Gegensatz zu den Importen, die einen hohen Anteil von technologisch-höherwertigen Industrieerzeugnissen aufweisen, macht bei den Exporten beispielsweise die Warengruppe ‚Textilien, Bekleidung und Schuhe' den wertmäßig größten Anteil aus (siehe Abb. 5).

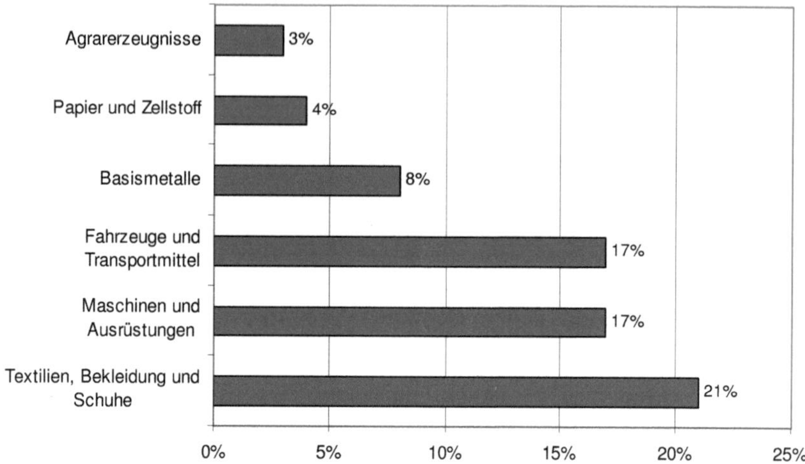

Abb. 5: Wertmäßige Anteile einzelner Warengruppen an den portugiesischen Exporte 2004 (Quelle: Fischer Weltalmanch 2006)

Gleichwohl tragen auch die Gütergruppen ‚Maschinen und Ausrüstungen' sowie ‚Fahrzeuge und Transportmittel' einen relativ großen Anteil zu den Exporten bei. Daraus kann man schließen, dass Portugal auf dem Weg ist, Strukturdefizite in der industriellen Produktion zu verringern (vgl. Breuer 1995, S. 267).

3.3 Branchenstruktur

Dass sich der sekundäre Sektor in Portugal jedoch noch erheblich von denen anderer Industrieländer unterscheidet, wird nicht nur bei Betrachtung der Exporte mit den hohen Anteilen an traditionellen Produkten deutlich (vgl. Abb. 5). Auch die Branchenstruktur der portugiesischen Industrie deutet darauf hin, dass Portugal teilweise noch deutliche Strukturdefizite aufweist. Diese Defizite bestehen vor allem darin, dass die Industrie weiterhin stark vom traditionellen Gewerbe geprägt ist. „Es dominieren nämlich arbeitsintensive Zweige und nicht solche, die sich vornehmlich durch den Einsatz moderner Technik auszeichnen" (Freund 1995, S, 284).

So ist das portugiesische Profil vor allem durch das Hervortreten des Textil-, Bekleidungs- und Ledergewerbes gekennzeichnet (siehe Abb. 6).

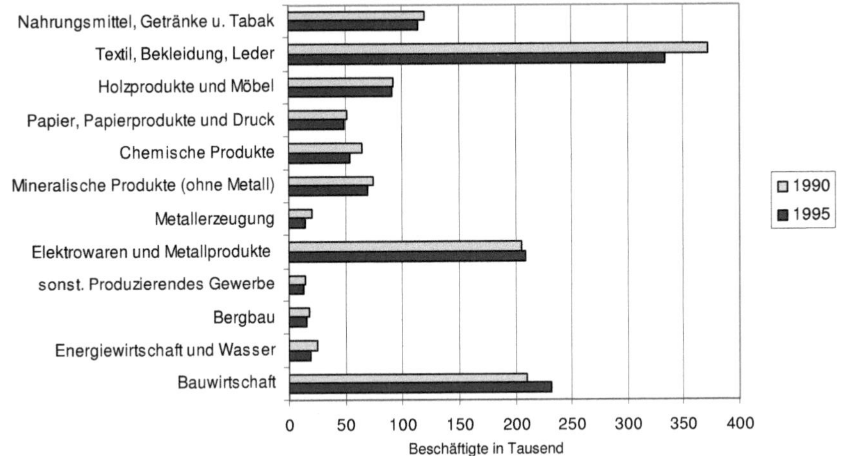

Abb. 6: Beschäftigte im sekundären Sektor 19

Lang und Wellmer 2001)

Mit knapp 335.000 Beschäftigten im Jahre 1995 stellte das Textil-, Bekleidungs- und Ledergewerbe mehr als jeden vierten Industriearbeitsplatz: 28 % aller im sekundären Beschäftigten sind in diesem eher traditionellen Industriezweig tätig. Allerdings befindet sich diese Branche in einem Strukturwandel. Das ist vor allem daran auszumachen, dass 5 Jahre zuvor noch knapp 40.000 Erwerbstätige mehr in dieser Branche beschäftigt waren. Daher kann man annehmen, dass sich diese rückläufigen Tendenzen bis heute fortgesetzt haben, so dass die Textil-, Bekleidungs- und Ledergewerbebranche zwar immer noch der wichtigste Industriezweig ist[15], relativ jedoch an gesamtwirtschaftlicher Bedeutung verloren hat. Allerdings hat die Produktion der Textil-, Bekleidungs- und Lederindustrie – im Gegensatz zu den rückläufigen Beschäftigten- und Unternehmenszahlen – im gleichen Zeitraum ein Wachstum erfahren (siehe Abb. 7).

---

[15] siehe hierzu auch Kap 3.2 Exporte und Importe, insb. Abb. 5 (wichtigstes Exportgut 2004: Textilien, Bekleidung und Schuhe)

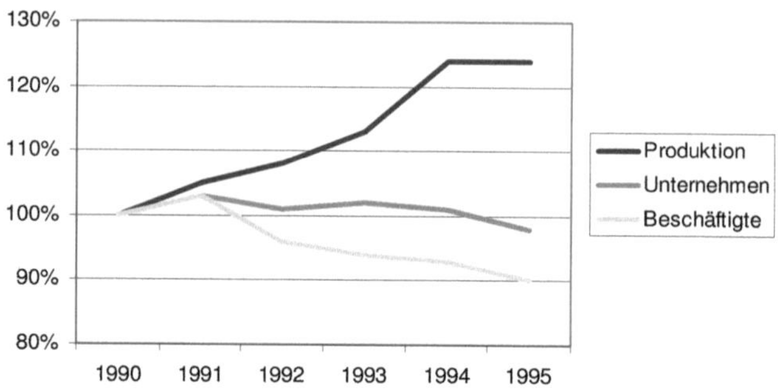

Abb. 7: Prozentuale Zu- und Abnahmen der Produktion, der Anzahl der Unternehmen sowie der Beschäftigten in der Textil-, Bekleidungs- und Lederindustrie von 1990 bis 1995 (1990 = 100 %) (Quelle: Eigene Bearbeitung nach Lang und Wellmer 2001)

Produktionszuwächse von knapp 25 % innerhalb von fünf Jahren bei gleichzeitigem Betriebsanzahlrückgang lassen drauf schließen, dass starke Produktivitätssteigerungen stattgefunden haben müssen. Die Textil-, Bekleidungs- und Lederindustrie hat in den letzten Jahren somit einen Strukturwandel in der Form erfahren, dass eine Konzentration auf weniger Unternehmen mit einer moderneren Fertigungsstruktur und höherem Fertigungsgrad erfolgt ist. Traditionelle Familienbetriebe mit veralteten Technologien und Produktionsmethoden haben es immer schwerer sich auf dem internationalen Markt zu behaupten.

Der Integration in Europa nach dem EU-Beitritt konnte die Textil-, Bekleidungs- und Lederindustrie ohnehin nur durch sein niedriges Lohnniveau standhalten und da auf den internationalen Märkten die Herstellung von Textilien und Bekleidung starke Konkurrenz aus Osteuropa und Asien erhalten hat, ist davon auszugehen, dass sich Portugal langsam von diesem traditionellen Sektor entfernt (vgl. Bornhorst 1997, S. 48f).

Dieser Negativtrend der Textil-, Bekleidungs- und Lederindustrie wird bedingt durch einen Aufschwung in der Produktion von elektrotechnischen Erzeugnissen und Maschinen sowie Kraftfahrzeugen aufgefangen - eine Branche die bis Anfang der 90er Jahre wenig entwickelt war. Die Metallindustrie und Feinmechanik sowie insbesondere der Automobilbau haben durch umfangreiche Investitionen und allmähliche Ansiedlung von Zulieferbetrieben Fortschritte verzeichnen können, die sich in Ansätzen auch in der Zunahme der Beschäftigten in dieser Branche zwischen 1990 und 1995 zeigen (vgl. Bornhorst 1997, S. 48). Als Beispiel ist hier das Investitionsprojekt ‚Auto-Europa' zu nennen.

Auto-Europa in Setúbal wurde 1991 als Joint Venture zwischen Volkswagen und Ford mit Anteilen von jeweils 50 % gegründet. Die 3,5 Mrd. DM teure Fabrik für Großraumlimousinen wurde zu 30 % aus öffentlichen Mitteln – von der portugiesischen Regierung zur Exportförderung und von der EU mit dem Ziel des Strukturwandels – finanziert und 1995 fertig gestellt. „Durch die Fabrik auf einem 20 ha großen Gelände sollten direkt 5000 Arbeitsplätze entstehen und durch Zulieferer sowohl auf einem anschließenden Industriepark (40 ha) als auch in verschiedenen Landesteilen sollten indirekt weitere 7000 Stellen geschaffen werden [...] " (Freund 1995, S. 289). Tatsächlich wurden diese Erwartungen nicht ganz erfüllt. Zwar gehört Auto-Europa heute zu den modernsten Automobilwerken in Europa, allerdings liefen bei einer Gesamtkapazität von 180.000 Autos im vergangenen Jahr lediglich 79.896 Fahrzeuge der Marken „Volkswagen Sharan", „Seat Alhambra", „Ford Galaxy" und „Volkswagen Eos" vom Band. 2.790 Mitarbeiterinnen und Mitarbeiter sind direkt bei Auto-Europa beschäftigt, im angrenzenden Industriepark sind bei Zulieferern rund 3.100 Menschen tätig.[16] Diese Werte liegen damit deutlich unter den angepeilten Prognosen.

Auch wenn Auto-Europa nicht alle Ziele erreicht hat, es hat zum stattfindenden Strukturwandel der portugiesischen Industrie einen förderlichen Beitrag geleistet und kann somit als Teilerfolg bewertet werden. Im Juni 2003 ist bei Auto-Europa das eine Millionste Auto produziert worden und für 2008 soll mit der Fertigung eines weiteren, vierten Modells begonnen werden, was sicherlich eine Zunahme der Beschäftigungszahlen zur Folge haben wird. Ein bedeutendes Motiv für die Investoren war und ist auch weiterhin das immer noch niedrige Lohnniveau in Portugal. So unterstrich Dr. Wolfgang Bernhard, Vorsitzender des Vorstands der Marke Volkswagen Pkw die Wichtigkeit dieses Standortfaktors in einer Pressemitteilung im Januar 2006: "Die Entscheidung, ein neues Modell bei Auto-Europa in Portugal zu fertigen, basiert auf dem wettbewerbsfähigen Kostenniveau

---

[16] Quellen: http://www.pressrelations.de/new/standard/dereferrer.cfm?r=218276 und http://www.autoeuropa.pt/AEPortalsite/index_engl.htm

am Standort sowie den positiven Rahmenbedingungen, die mit der portugiesischen Regierung und der Arbeitnehmervertretung geschaffen werden konnten" (o. A. 2006; http://www.pressrelations.de/new/standard/dereferrer.cfm?r=218276).

Ein anderer Industriezweig, der im Gegensatz zu den Branchenstrukturen anderer Industrieländer in Portugal relativ stark vertreten ist, ist die Holzwirtschaft mit nachgelagerter Papier-, Zellulose- und Korkindustrie. „Portugal produziert mit 180.000 Tonnen jährlich (1991) knapp über die Hälfte des weltweiten Korkbedarfs und exportiert das Material vor allem in Form von Flaschenkorken und Korkplatten" (Bornhorst, S. 50). Auch die Be- und Verarbeitung von Holz sowie die Papierherstellung sind recht stark ausgebildet. Dies hängt unter anderem mit dem hohen Flächenanteil von Wald (35 %), der vorwiegend schnellwüchsige Kiefern und Eukalypten umfasst, und der Förderung dieser Branche durch die Regierung zusammen (vgl. Freund 1995, S. 285 und Bornhorst 1997, S. 50).

Bei Betrachtung der übrigen Industriezweige ist anzumerken, dass der Maschinenbau in Portugal eine Ausrichtung auf die Bau-, Land- und Textilwirtschaft, somit klein-gewerblicher Investitionsgüter zeigt, während die Elektroindustrie Schwerpunkte in der Herstellung von Konsumgütern wie Radio- und Fernsehgeräten aufweist. Allerdings spielt in dieser Branche auch die Produktion von Schaltanlagen und Elektromotoren eine große Rolle. In der chemischen Industrie arbeiten wider Erwarten relativ wenige Unternehmen als Zulieferer für die Textil- Bekleidungs- und Lederindustrie. Vielmehr werden Pharmazieprodukte, Agrarchemikalien, Waschmittel und Farben hergestellt (vgl. Freund 1995, S. 285).

3.4 Räumliche Verteilung und regionale Disparitäten

Eine allein auf gesamtwirtschaftliche Entwicklungen und Tendenzen abzielende Betrachtung wird der Realität der portugiesischen Industrie nicht gerecht. Neben der ungleichmäßigen Bevölkerungsverteilung bzw. -dichte ist nämlich auch die räumliche Verteilung der Industrie durch stark ausgeprägte regionale Disparitäten gekennzeichnet. Auf einer Karte über die regionale Differenzierung der Erwerbstätigkeit nach Wirtschaftssektoren (siehe Abb. 8) werden die Raummuster der Industrieverteilung sehr deutlich:

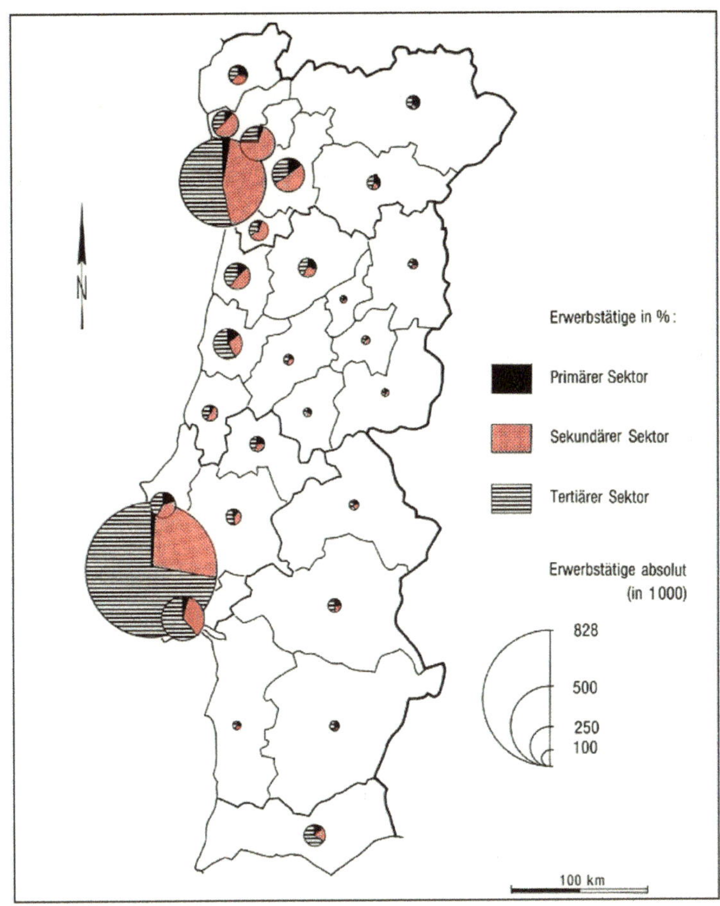

Abb. 8: Erwerbstätige nach Wirtschaftssektoren 1991 (Quelle: Breuer 1995, S. 273)

Die Karte, differenziert nach Planungsregionen zeigt die dominante Rolle der beiden Großräume Porto und Lissabon, die sich auf dem ersten Blick vor allem in der absoluten Zahl der Erwerbstätigen mit einem großen Abstand zu den restlichen Regionen zeigt. Betrachtet man Anteile der Industriebeschäftigten in den einzelnen Planungsregionen fällt auf, dass die Küstenregionen von Setúbal (südlich von Lissabon) bis Porto sowohl anteilig als auch absolut die meisten Beschäftigten im sekundären Sektor aufweisen. Besonders im Nordwesten Portugals, in den an den Großraum Porto angrenzenden Regionen, ist der Anteil der Erwerbstätigen, der im Industriegewerbe beschäftigt ist, mit Werten von teilweise über 50 %

überdurchschnittlich hoch. Demgegenüber steht eine große Anzahl von Regionen im Landesinneren und im Süden Portugals, die zum einen aufgrund der niedrigen Bevölkerungsdichte durch geringe absolute Zahlen der Erwerbstätigen gekennzeichnet sind. Zum anderen weisen diese Regionen auch einen unterdurchschnittlichen Industrialisierungsgrad auf, der sich in den geringen Anteil an Industriebeschäftigten zeigt.

Dementsprechend lässt sich Portugal grob in vier industriegeographische Raumtypen einteilen, die sich in ihren unterschiedlichen industriellen Strukturen voneinander abgrenzen[17]: die Metropolitanregion Lissabon, der Großraum Porto, das industriell durchsetzte westliche Mittelportugal und die ländlichen Marginalräume im Osten und Süden Portugals (siehe Abb. 9). Diese vier Gebietstypen sollen im Folgenden auf ihre jüngsten Entwicklungen hin untersucht werden.

Die Metropolitanregion Lissabon ist gekennzeichnet „durch eine hochgradig tertiärisierte Hauptstadt und ein industrialisiertes Umland mit ausgeprägten Expansionslinien entlang des Tejo nordwärts nach Vila Franca de Xira (Konsum- und Investitionsgüter), nach Sintra im Norwesten (moderne ausländische Investitionsgüter) und südwärts nach Setúbal" (Auto-Europa) (Freund 1995, S. 289). Positiv für die industrielle Entwicklung haben sich dabei folgende Standortvorteile ausgewirkt: „Hier liegt das portugiesische Optimum an wirtschaftsnaher öffentlicher Infrastruktur (Flughafen, Hochschulen) und privaten Firmendiensten (Beratung, Prüfung, Werbung etc.). Gunstfaktoren sind außerdem die Konzentration gut ausgebildeter junger Arbeitskräfte, der große Markt und hohe Kaufkraft (21 % über

---

[17] in Anlehnung an Freund 1995

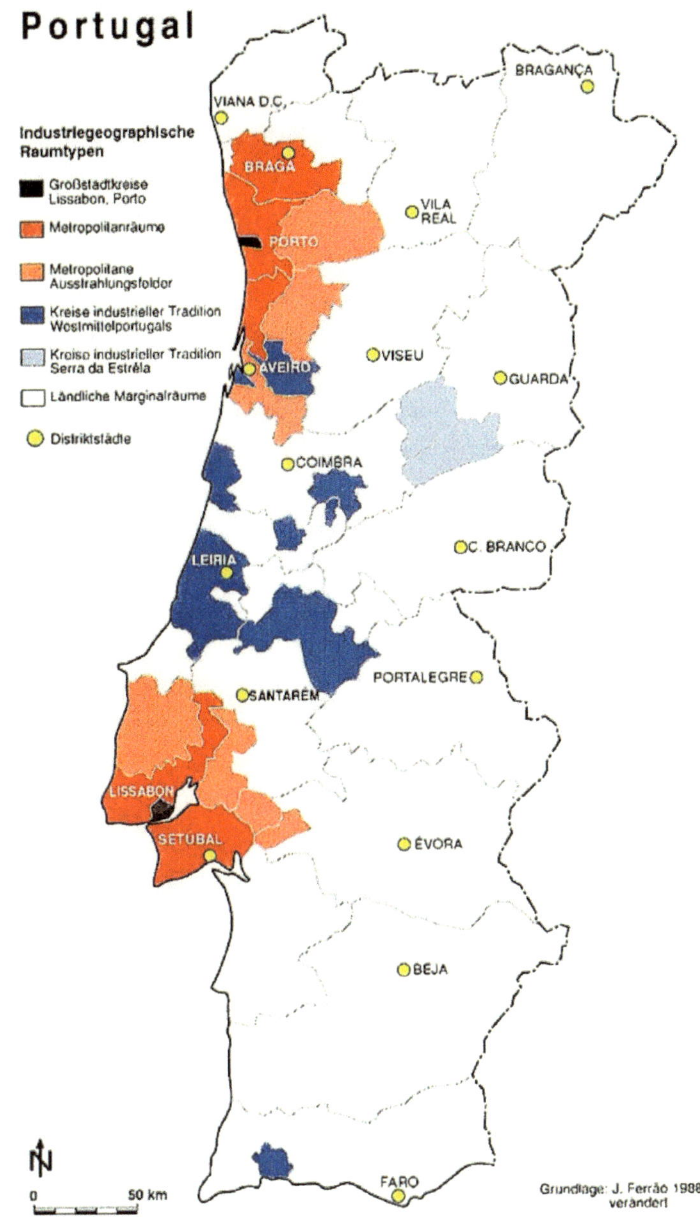

Abb. 9: Industriegeographische Raumtypen in Portugal (Quelle: Freund 1995, S. 288)

25

Landesdurchschnitt) sowie die guten Verkehrsverbindungen für landesweite Distribution" (Freund 1995, S. 289). Diese Standortfaktoren lassen darauf schließen, dass das niedrige Lohnniveau keine besonders große Rolle für die Ansiedelung von Industriebetrieben im Großraum Lissabon spielt. Somit ist diese Region nicht so sehr durch arbeitsintensives Gewerbe sondern vielmehr durch Industrieunternehmen mit fortgeschrittenen Technologien, die größtenteils Grundstoff- und Investitionsgüter produzieren, gekennzeichnet. Dementsprechend haben die im Großraum Lissabon ansässigen Industriebetriebe ein überdurchschnittlich qualifiziertes und damit einhergehend gut bezahltes Personal. Zudem liegen die Betriebsgrößen nach Anzahl der Beschäftigten pro Unternehmer über den des Landesschnitts (vgl. Freund 1995, S. 289).

Diese regionalen Ungleichgewichte werden noch dadurch verstärkt, dass der Großraum Lissabon knapp drei Viertel aller ausländischen Direktinvestitionen (1992) für sich verbuchen kann (Quelle: Breuer 1995, S. 272). Sektoral wird zwar der Dienstleistungsbereich bevorzugt, dennoch entfielen noch Anfang der 90er fast 25 % auf den sekundären Sektor, wodurch insbesondere die Industrie im Großraum Lissabon Entwicklungsimpulse erhalten hat.

Der Großraum Porto weist eine ähnliche industrielle Entwicklung auf, allerdings mit dem Unterschied, dass er durch eine stärker flächenhaft-diffuse Streuung von Industriebetrieben charakterisiert ist und sich durch eine Konzentration auf die Konsum- und Gebrauchsgüterindustrie auszeichnet.

Obwohl dieser Wirtschaftsraum anteilig sehr viel weniger ausländische Direktinvestitionen verbuchen kann als der Großraum Lissabon, kann er nicht nur zunehmende Beschäftigung und Produktionswerte, sondern auch eine räumliche Ausweitung aufweisen: „Inzwischen erstreckt er sich küstenparallel über rund 100 km fast von Viana do Castelo bis Aveiro und reicht maximal 50 km landeinwärts bis zum Anstieg der Gebirge" (Freund 1995, S. 289).

Seit mehr als 30 Jahre hält dieses Wachstum nach Produktionswert, Beschäftigten und räumlicher Expansion trotz vermeintlich unmoderner Strukturen wegen der großen Bedeutung kleiner (Familien-) Unternehmen sowie der gering bezahlten und arbeitsintensiven Fertigung, an. Das niedrige Lohnniveau und damit einhergehend die geringe Qualifizierung der Arbeitskräfte sind somit kennzeichnend für diese Region. Dementsprechend herrscht eine traditionelle kleinräumige Spezialisierung vor allem auf Textilien, Bekleidung und Schuhe, aber auch Korkprodukte und Schneid- sowie Möbelwaren. Entwicklungsimpulse erhalten diese traditionellen Branchen oft auch durch Investitionen, die der Fertigung kleiner Serien dienen (z.B. Gesundheitsschuhe, Sportkleidung, teure Kollektionen). Die Folge hiervon sind ständige Produktinnovationen, die Erschließung eines großen Auslandsmarktes und die Begünstigung von Diversifikation durch Ansiedlung von Zulieferern. Des Weiteren wird durch die Präsenz der ausländischen Unternehmen eine Art Modernisierungsprozess in Gang gesetzt (vgl. Freund 1995, S. 289f).

Dieser ist unter anderem auch daran zu erkennen, dass es infolge des niedrigen Lohniveaus auch in anderen Industriezweigen zu einer relativ hohen Dichte ausländischer Betriebe im Raum Porto kam. Diese sind vornehmlich in den Bereichen Elektrotechnik und Elektronik sowie den Branchen Optik, Mess- und Regeltechnik tätig (vgl. Freund 1995, S. 290).

Das größte Problem dieser Region ist allerdings, dass die weitgehend auslandsabhängige Wirtschaft durch die Konkurrenz anderer Billiglohnländer bedroht wird (vgl. Freund 1995, S. 290).

Im westlichen Mittelportugal hat sich aufgrund der verkehrstechnisch günstigen Lage zwischen den beiden Großräumen Lissabon und Porto ein industriell geprägter Raum gebildet, für den vornehmlich kleine bis mittlere Betriebe in einer ländlich-kleinstädtischen Umgebung charakteristisch sind. Dabei hat sich als regionaltypische Industriestruktur eine kleinräumige Spezialisierung entwickelt, die mit der im Großraum Porto vergleichbar ist. Dabei konzentriert sich die industrielle Produktion zum einen auf die gemeinsame Nutzung örtlicher Rohstoffe, „wie etwa bei der Produktion von Glaswaren und Keramik, zum anderen auf die Nachahmung von industriellen Innovationen, beispielsweise bei der Produktion von Papier / Pulpe, Metallwaren und Plastikartikel [...]" (Lang und Wellmer 2001). In manchen Spezialbereichen (z.B. Kristall- und Porzellanwaren, Steingut, Sekt) konnten die traditionellen Unternehmen Spitzenpositionen auf dem kleinen portugiesischen Markt einnehmen, wodurch sie in jüngerer Zeit auch für Übernahmen durch ausländische Unternehmen attraktiv wurden. Angelockt durch das günstige Lohnniveau, streben diese Unternehmen eine Ausrichtung auf Spezialitäten (z. B. Gaststättengeschirr) oder bestimmte Absatzgebiete (z.B. Iberische Halbinsel) an (vgl. Freund 1995, S. 290).

Die Entwicklungen in den östlich der relativ stark industrialisierten Küstengebiete gelegenen Regionen sowie im Süden Portugals verliefen die weniger günstig. Im Landesinneren beispielsweise, im Gebiet der alten Textilindustrie am Esrêla-Gebirge erwiesen sich die Abkehr von der Wollverarbeitung, ungünstige Fernverbindungen sowie innere Verkehrsverhältnisse und daraus folgernd lange unterbliebene Exportbeziehungen als Standortnachteile, die zu einer kaum stattfindenden Industrialisierung geführt haben. Standortvorteile hatten lediglich die Distriktstädte, die eine relativ gute Erreichbarkeit und das Niveau zentralörtlicher Infrastruktur aufweisen konnten, um daraus zu „kleinen regionalen Kristallisationspunkten gewerblicher Produktion zu werden" (Freund 1995, S. 290).

Die wenigen Industriebetriebe, die in den ländlich geprägten Räumen ansässig sind, konzentrieren sich größtenteils auf die lokal vorkommenden Rohstoffe. Hierbei handelt es sich vornehmlich um Unternehmen der Holzwirtschaft, der Produktion von Tomatenkonzentraten sowie den Bergbauunternehmen (vgl. Freund 1995, S. 290 und Lang und Wellmer 2001).

Allerdings konnten die stark ausgeprägten räumlichen Disparitäten auch nach Planungen seitens der Regierung (z.B. Industrieparks)[18] nicht abgebaut werden, so dass die regionale Verteilung der portugiesischen Industrie noch heute durch ein starkes West-Ost-Gefälle gekennzeichnet ist.

4. Fazit

Portugals Industrie hat den durch technisch-ökonomische, soziokulturelle und politische Faktoren bedingten Entwicklungsrückstand bis heute nicht ganz aufholen können. Erst Ende der 1950er Jahre nach einem Kurswechsel der Industriepolitik von einer protektionistischen Strategie über einer Liberalisierung des Außenhandels zu einer Öffnung des Landes für ausländische Direktinvestitionen, gab es deutliche Entwicklungsimpulse für die portugiesische Industrie. Die Ölkrise und innerpolitische Unruhen im Zuge der Nelkenrevolution hatten in den 70er Jahren negative Auswirkungen auf die Industrialisierung. Erst der EU-Beitritt 1986 verhalf dem Industriestandort Portugal einerseits zu weiteren Entwicklungsschüben, andererseits hatte die europäische Integration mit seinem offenen Markt eine erhöhte Konkurrenz

---

[18] vgl. Industrieparks (Kap 3.3, S. 13 oben)

zufolge, die der sekundäre Sektor nur aufgrund seines niedrigen Lohnniveaus standhalten konnte.

Obwohl der sekundäre Sektor heute mit anderen Industrieländern vergleichbare Beschäftigungszahlen und Beiträge zum Bruttoinlandsprodukt erzielt, weist der Industriestandort Portugal weiterhin Strukturdefizite auf. Diese zeigen sich vor allem daran, dass die Branchenstruktur noch sehr stark durch traditionelle Industriezweige geprägt ist. So stellt die Textil-, Bekleidungs- und Lederindustrie noch immer den größten Anteil an Beschäftigten des sekundären Sektors, und liefert den wertmäßig größten Anteil an den Exporten.

Ein wichtiges Motiv der Investoren auf der Suche nach einem geeigneten Produktionsstandort ist dabei nach wie vor das niedrige Lohnniveau, das Portugal zu einem Standortvorteil verhilft. Allerdings ist Portugal nicht erst seit der EU-Osterweiterung 2004 zunehmend der Konkurrenz anderer Billiglohnländer ausgesetzt. Eine Steigerung der Wettbewerbsfähigkeit der portugiesischen Industrie muss daher sicherlich auf anderen Faktoren als den niedrigen Lohnkosten aufbauen.

Dieser – für die weitere Entwicklung der portugiesischen Industrie notwendige – Strukturwandel weg von dem traditionellen Gewerbe hin zu moderneren Industriezweigen mit qualifizierten Arbeitskräften und dem Einsatz fortgeschrittener Technologien zeichnet sich bereits seit einigen Jahren ab. Besonders in der Metropolitanregion Lissabon, aber auch im Großraum Porto sind diese Entwicklungen zu beobachten. Allerdings führt diese bipolare Konzentration der Industrie auf die beiden stark industrialisierten Großräume Lissabon und Porto sowie den dazwischen liegenden industriell durchsetzten Küstenregionen zu einer Verschlimmerung der ohnehin schon stark ausgeprägten regionalen Disparitäten des Landes.

Da Wanderungsgewinne vornehmlich in denjenigen Landesteilen auftreten, die ein größeres Angebot an nicht-landwirtschaftlichen Arbeitsplätzen für Migranten erwarten lassen, wird es aufgrund der räumlichen Konzentration der Industrie an der Küste weiterhin zu Abwanderungen aus den ohnehin schon dünn-besiedelten und ländlich geprägten Räumen Ost- und Südportugals führen.

5. Quellen- und Literaturverzeichnis

Literatur:

BORNHORST, Fabian (1997): Die Wirtschaft Portugals im Überblick: Grundlagen, Daten, Zusammenhänge, Perspektiven. - In: Briesemeister, Dietrich u. Axel Schönberger (Hrsg.): Portugal heute. Politik, Wirtschaft, Kultur.

BREUER, Toni (1995): Spanien und Portugal auf dem Weg von der Agrar- zur Industriegesellschaft. - In: Geographische Rundschau, Bd. 47. S. 266-276.

Fischer Weltalmanach 1960, 1970, 1980, 1990. 2000 und 2005.

FREUND, Bodo (1987a): Spanien und Portugal im 20. Jahrhundert. - In: Praxis Geographie, Bd. 17. S. 6-9.

FREUND, Bodo (1987b): Spanien und Portugal - Industrieländer mit Strukturdefiziten. - In: Praxis Geographie, Bd. 17. S. 38-45.

FREUND, Bodo (1995): Portugals Industrie in der westeuropäischen Arbeitsteilung. Branchenspektrum und Standortstrukturen eines Niedriglohnlandes. - In: Geographische Rundschau, Bd. 47. S. 284-291.

KULKE, Elmar (1995): EU-Integration und Industrialisierung der europäischen Peripherie - Das Beispiel Portugal. - In: Geographie und Schule, Bd. 17, Heft Nr. 97. S. 17-20.

LANG, R. und WELLMER, R. (2001): Industrieentwicklung in Portugal. - In: Norbert de Lange, Werner Tobias (Hrsg.): Stadt- und Regionalentwicklung in Portugal. Ausarbeitungen zu einem Studienprojekt. Osnabrück

LESER, H. (2001): Diercke Wörterbuch Allgemeine Geographie. 12. Auflage. Braunschweig.

MUEHLL, Urs von der (1978): Die Unterentwicklung Portugals. Von der Weltmacht zur Halbkolonie Englands. Frankfurt am Main.

WEBER, Peter (1977): Industrieparks in Portugal. Alternative Entwicklungskonzepte für periphere Räume unter veränderten politischen Systemen. - In: Geographische Zeitschrift, Bd. 65. S. 124-135

Internetquellen:

Enguet-Kommission (2002): Globalisierung der Weltwirtschaft – Herausforderungen und Antworten. (http://www.bundestag.de/gremien/welt/glob_end/glob.pdf). Letzter Aufruf 20.05.06.

o. A. (2003): o. A. (http://www.autoeuropa.pt/AEPortalsite/index_engl.htm) letzter Aufruf 20.05.06

o. A. (2006): Volkswagen - Autoeuropa in Portugal bekommt ein weiteres Fahrzeug. (http://www.pressrelations.de/new/standard/dereferrer.cfm?r=218276). letzter Aufruf 20.05.06.